空气凤梨

无土也可养活的

懒 人 植 物

王伟◎主编

U0386178

黑龙江科学技术出版社
HEILONGJIANG SCIENCE AND TECHNOLOGY PRESS

图书在版编目（CIP）数据

空气凤梨：无土也可养活的懒人植物 / 王伟主编
. -- 哈尔滨：黑龙江科学技术出版社，2019.1
ISBN 978-7-5388-9899-6

Ⅰ.①空… Ⅱ.①王… Ⅲ.①凤梨科 - 观赏园艺
Ⅳ.① S682.39

中国版本图书馆 CIP 数据核字 (2018) 第 268982 号

空气凤梨 无土也可养活的懒人植物

KONGQI FENGLI WU TU YE KE YANGHUO DE LANREN ZHIWU

作　　者	王　伟	
项目总监	薛方闻	
责任编辑	徐　洋	
策　　划	深圳市金版文化发展股份有限公司	
封面设计	深圳市金版文化发展股份有限公司	
出　　版	黑龙江科学技术出版社	
	地址：哈尔滨市南岗区公安街 70-2 号　邮编：150007	
	电话：（0451）53642106　传真：（0451）53642143	
	网址：www.lkcbs.cn	
发　　行	全国新华书店	
印　　刷	深圳市雅佳图印刷有限公司	
开　　本	685 mm × 920 mm　1/16	
印　　张	8	
字　　数	100 千字	
版　　次	2019 年 1 月第 1 版	
印　　次	2019 年 1 月第 1 次印刷	
书　　号	ISBN 978-7-5388-9899-6	
定　　价	35.00 元	

目录
CONTENTS

第 3 章 空气凤梨的繁殖、养护与装饰

第 4 章 空气凤梨的品种介绍

第 **1** 章

空气凤梨的
基础知识

空气凤梨可以没有土壤的束缚，

是依靠空气就可以生长开花的神奇植物。

那么它来自哪里，

究竟有什么样的魔法，

竟会这么与众不同呢？

让我们一探究竟吧！

空气凤梨的名字由来

空气凤梨又称空气草、空气植物、气生铁兰等，属凤梨科，多为铁兰属中具有气生、附生特点的一类植物，还包括极少部分莺歌凤梨属的植物。名字来源于国外"air plant"一词。根据国际植物命名法规，一般由属名（*Tillandsia*）和种名词（包括地名、人名等）构成，例如 *Tillandsia stricta*（多国花），可以简写为 *T. stricta*，一般这种书写方式为原生种。因国内的空气凤梨大多由国外进口，大多数空气凤梨的中文名称为音译名。

杂交种书写是由属名和母本x父本，例如*Tillandsia brachycaulos x streptophylla*（贝可利x电卷烫），该品种也可以命名为*Tillandsia* 'Eric Knobloch'（艾瑞克），是园艺栽培种的书写方式。此外，目前还有较多的品种未命名，均以属名+母本名+父本名进行介绍。

还有一些品种的书写需要另外说明，例如 *Tillandsia capitata var. fasciculata*，这里的 var. 表示变种。如果拉丁学名中出现 f. 则表示该种为变型种；有些还会出现 ssp. 为 Subspecies（亚种）的缩写，但比较少见。

同一品种因为产地不同，地域性特征明显，比如开花颜色和株型外观不同，所以有些品种命名会加上地名，例如 *Tillandsia ionantha* 'Guatemala'（危地马拉小精灵）。

Tillandsia 'Curly Slim'（花卷）

束花精灵变种*Tillandsia ionantha v. stricta f. fastigiata*

空气凤梨的地理分布

　　空气凤梨广泛分布在北美加勒比沿岸至南美地区。银叶种的空气凤梨多分布在墨西哥、巴西的高原、安第斯山脉、玻利维亚高原等降水量非常稀少的干旱地区，绿叶种的空气凤梨主要分布在热带雨林和高山云雾林地带。

空气凤梨的品种类别

■ 硬叶类

叶片革质或硬革质，有披针形、线形、直立、弯曲或先端卷曲，植株呈莲座状、筒状、线状或辐射状。多数分布在干旱地区，丛群聚生，以减少水分蒸发。

■ 软叶类

叶片较软，有披针形、直针形、线形、直立、弯曲或先端卷曲。有绿色、银灰色和浅紫色等。部分品种在阳光充足的条件下开花，叶片发红。植株呈莲座状、圆球状或辐射状。多数分布在半干旱、较湿润地区，通常集群散聚而生。

■ 丛生花球类

丛生花球类的空气凤梨品种一般分蘖的能力较强，群生呈花球状，该品种的植株适合悬挂观赏，既可观叶，又可赏花，立体观赏效果好。

■ 阔叶类

该类品种一般不是特别耐旱，通常生长在湿润的热带雨林地区，其叶片宽阔，有青绿色、粉红色、银白色等。部分品种还具有点状花纹，色泽美丽，以观叶为主。

■ 松萝类

松萝凤梨又称老人须凤梨，具有较多分枝，其茎、叶退化成线状，表面覆满白色鳞片，全株灰绿色。花小，淡绿色，味香浓。

空气凤梨的生长环境

空气凤梨分为银叶种和绿叶种，银叶种叶片着生毛状体，绿叶种着生的毛状体很少甚至没有。在国内外的市场上绝大多数为银叶种，极少部分为绿叶种。

一般银叶种属于喜旱型的附生型凤梨，该种类多生长在干旱的地区，而绿叶种多生活在湿润的环境中。它们通常依附在石壁、朽木、电线杆、仙人掌、屋檐等处生长，还有些会抱成团在沙漠上随风滚动。

■ 水分

适宜的湿度是空气凤梨生长良好的重要原因，过干和过湿的环境对空气凤梨的生长都是不利的。在高温干燥的环境中，需时常用喷壶等工具在空气凤梨生长的周围环境喷洒水分，但如果长期使用自来水喷施植株，容易导致空气凤梨的生长的环境碱性化，因自来水有可溶性的钙镁化合物，不利于空气凤梨的生长，可用凉开水喷洒，能收集雨水来喷洒植株更好，而收集雨水进行人工喷洒比植株在外自然淋雨的吸收效率更高。

注意，在低温寒冷且潮湿的天气里，不要喷水，否则容易导致植株腐烂，特别是在有霜的天气。冬天适合把植株放在温暖且干燥的地方养护。

越大，越能适应在直射的太阳光下生长，但在浇水后，需避免强烈的阳光直射；如果是绿叶品种，需避免强烈的太阳光直射，特别是在夏季，强烈的阳光照射易导致植株晒伤。还有，不管是喷水还是泡水给植株补充水分的，对于银叶品种，都不能将补充过水分的植株立马放在有强烈的直射光的地方。

■ 养分

对于空气凤梨来说，养分主要通过叶片从空气中吸收，可以不用施肥，也能生长良好。施肥只是能让植株生长得更快、花大色艳且能产生更多的侧芽，但如果是新手，不要轻易尝试对空气凤梨施肥，施错肥或用高浓度的肥料都容易导致植株死掉，所以，施肥在养护过程中不是必要的。

■ 光照

空气凤梨的有些品种能在强烈的阳光或直射阳光下生长良好，有些品种又喜好散射光的环境。银叶品种的叶片上的毛状体越密集，覆盖在叶片上的面积

■ 温度

不同的空气凤梨品种，适应的温度范围也不同。耐寒的品种能在 5℃ 的环境正常生长，多数以绿叶种为主，耐热品种能在 38℃ 的环境正常生长，多数以银叶种为主，但不论是什么品种，只要在不是太冷也不是太热、温度为 15~25℃ 的环境下，都能生长良好。

第**2**章

空气凤梨的
形态特征

空气凤梨在外观上变化多样，婀娜多姿，

既可观花，也可赏根，

有生命力顽强的丛生芽，

也有代替根吸收养分的毛状体，

还有花后结下的种子，

这是一种普通的植物，但又非一般。

空气凤梨的整体外观

■ 硬叶类

　　叶片革质或硬革质，有披针形、线形、直立、弯曲或先端卷曲，植株呈莲座状、筒状、线状或辐射状。多数分布在干旱地区，丛群聚生，以减少水分蒸发。

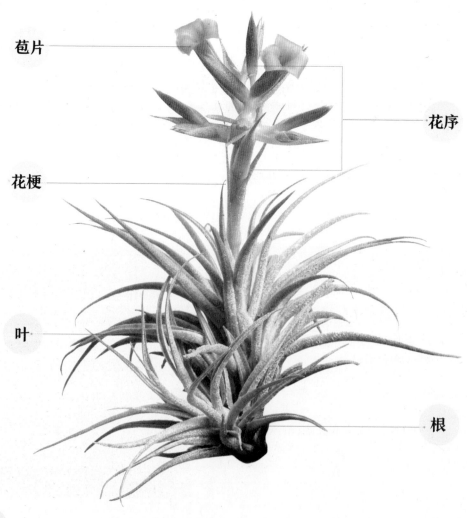

苞片

花序

花梗

叶

根

空气凤梨的根

通过叶片上的鳞片吸收生长发育所需的养分和水分，然后供给给根部，因此属于逆生长的生物，生长速度较其他植物缓慢。

养殖空气凤梨的爱好者通常会剪掉根系，因为根系的生长很容易缠绕植株，让其生长杂乱，还会扭曲叶片。

实生苗的空气凤梨一般带有根系，属于须根系，根上又有须根，但无根毛。新生根一般为淡绿色，尖端为白色，老根干枯时黄褐色。

空气凤梨的根系无吸收作用的，只具有吸附性，其会吸附在自身或其他植株的叶片上，即可形成团状的植株群。

空气凤梨的茎

对生叶的空气凤梨没有明显的茎或茎较短，少数也有茎，但茎结几乎没有。

空气凤梨的叶

叶多为轮生叶，也有对生叶，植株呈莲座状、线状、筒状、辐射状。

叶片的尖端会因为光照过强或缺水等原因容易干焦。

叶片会因为温差、光照等原因变色，开花时顶端的叶片或全株叶片会发红，或其他的颜色，有些品种也会在阳光足的条件下，叶片呈美丽的红色。此外，开花时它会变成亮红色或其他颜色，以此来吸引蜂鸟来授粉（也就是我们通常说的婚姻色）。

空气凤梨的叶片颜色由于表面鳞片的关系，多为灰白色，也有少量的红色、香槟色、青铜色和紫色等。

空气凤梨的花

　　花梗上均着生苞片，可以生长数月，有些品种的苞片上还着生有鳞片。以桃红色居多，也有白色和绿色等。

　　花一般在苞片之间长出，有很多品种的花瓣呈紫色，还有粉色、淡紫色、黄绿色、橙色、红色、白色等，常为3瓣。花蕊一般伸出花冠外，有雌蕊一枚，雄蕊六枚。花无香味或有香味。

　　穗状或复穗状花序从叶丛中央抽出，有些品种的花序隐藏在叶片中。

　　花期主要集中在夏秋季（有些品种开花可观赏1个月左右甚至1年左右的时间）。

开白色管状花的精灵

深红色的复穗状花序

红绿相间的苞片和深紫色的花

万汗精灵的紫色管状花

具有珊瑚色的赤兔花

颜色鲜艳的苞片

空气凤梨的丛生芽

空气凤梨的丛生芽

　　这是空气凤梨无性繁殖的一部分。所有的空气凤梨品种几乎都能产生丛生芽，一般在花期结束后或开花一段时间后，植株就会产生新芽丛，可在基部产生芽，还可在叶腋处产生新芽，甚至还会从花梗抽生出来。这个过程中，母株会缓慢地衰退，并停止生长，随新生芽的缓慢产生而逐渐衰亡。

空气凤梨的种子

空气凤梨的种子在授粉后形成，一旦授粉后，经过几个星期便可以看到绿色的种荚，呈椭圆形。有的品种经过几个月就会成熟，还有些品种需经过 2 年的时间，种荚才会完全成熟，由原先的绿色变为棕色。

完全成熟的种荚会裂开，露出蓬松的毛，其可助种子飘起，在原产地，种子可随风飘向空中，之后散落在电线杆、岩石、枯木等物体上自然发芽繁殖。

如果收获的种子不能马上播种，可放到冰箱冷藏，这样能保存较长的一段时间。

快成熟的种荚

有一个种已裂开，另外两个尚未成熟。

空气凤梨的毛状体（鳞片）

　　毛状体在银叶品种和半绿叶品种上较为常见，而且肉眼能观察到。这也是空气凤梨不需要根就能存活下去的一个重要的原因。空气凤梨能够完全依靠它们吸收养分和水分存活。

　　空气凤梨的毛状体通常指银叶种的空气凤梨叶片上的披有的灰白色鳞片，其大小不同，大致分为小型、中型和大型三种类型。小型鳞片与叶面结合紧密，不会脱离，其大小肉眼不能看到；中型鳞片与叶面结合较紧密，用肉眼可以观察到，大小约有0.2毫米；而大型鳞片与叶面结合不紧密，很容易脱离叶面，用肉眼可以观察到，大小约有0.5毫米。

　　形状类似"葵花"状或"碗状"，这样的形状有利于吸收水分和养分。当空气中的湿度适宜时，叶片上的毛状体形状会呈现展开的状态，当缺水或空气干燥时，毛状体会呈现一个碗状的形态。它甚至能吸收被污染的空气中的重金属，并可以监测空气污染程度。

毛状体（鳞片）的叶片近拍

倍数放大拍摄的松萝叶片表
面的毛状体（鳞片）

第 **3** 章

空气凤梨的繁殖、养护与装饰

空气凤梨能产生可正常生长发育的侧芽，

同时也会开花结果，

具备无性繁殖的能力，

也可进行有性繁殖，

可谓香火旺盛。

空气凤梨的侧芽繁殖

侧芽繁殖又称无性繁殖，是空气凤梨主要的繁殖方式，空气凤梨的植株在开花前后于植株的基部或叶腋处会产生小株，其特征与母株相似。

待这些小株长有母株 1/3 或 1/2 大时可用干净且锋利的小刀将其切下，3～5 天不能喷水，以避免植株伤口感染，等伤口干燥再进行正常管理。及时将发育好的侧芽切下另行养护，更能刺激母株产生更多的侧芽，前提是需要良好的栽培环境和充足的养分。之后，产生子代的母株会慢慢老去而死掉。

易群生的空气凤梨品种，小株可依附在母株的主干吸收养分逐渐长大，其可多代子株联结群生，不会分离。

如果主要应用侧芽繁殖，需避免植株开花授粉后形成种子，一旦形成种子并让其生长发育，产生的侧芽就会大大减少，甚至还会使其生长不良。在没有授粉、无法形成种荚的情况下，空气凤梨就会产生大量健壮的侧芽。

花中花的花梗芽也会发育成正常的植株

群生成球的小精灵

将侧芽与母株分离

空气凤梨的杂交育种

　　杂交是不同品种进行授粉的过程。种子是由一种品种的花粉给另一种品种授粉形成，杂交育种的幼苗具有母本（接受花粉的品种）和父本（提供花粉的品种）两者的特征。授粉的工具可使用较细的毛笔等。

　　例如紫罗兰 *Tillandsia aeranthos* 能够自花授粉，在应用自花授粉的品种作为父本时，需在花瓣未打开时剪去父本的雌蕊，以避免花粉落在父本的柱头上，如果花打开后再进行授粉，结出的种荚就不能确定花粉是来自哪一品种。同时，授粉完成后需用一个有网眼的材料套住已授粉的花朵，避免花朵的柱头因昆虫、小鸟甚至是蝙蝠被意外再授粉。

空气凤梨的播种育苗

可使用塑料网、陶瓷网等材料进行播种，但应避免应用铁丝网和铜制网播种育苗，因播种育苗是一个漫长的过程，铁丝网长期暴露在外且在潮湿的环境中容易生锈，不利于种子发芽，而铜网的化合物对于空气凤梨来说是有毒的，会影响种子的发芽甚至使种子失去活性。

播种时应该根据不同品种生长后的大小，确定播种的间距，避免过密播种，如果播种过密，会影响种苗后期的生长，根系生长旺盛还会导致植株相互纠缠，不仅凌乱，而且伤害叶片。合理的间距有利于为种苗提供足够的空间生长。

育苗盘应置于有明亮光线的地方，避免阳光直射暴晒，因为这对种子或幼苗是致命的伤害。

育苗盘也不能长期处于潮湿的状态，如果在持续的潮湿环境中，种子容易发霉。天气温暖时，需经常喷水保持适宜的湿度，而寒冷的天气则要减少浇水的次数，且浇水时应放在阴凉干燥的地方让其快速干燥。

种子刚发芽时会出现绿色的小点，当能看到真正的叶片后（真叶），这时该幼苗即可进行光合作用，之后就能进入正常的管理。此时不要轻易移动幼苗和拉伸网，否则容易损害幼苗的根茎和幼叶。

播种培育的幼苗称为实生苗，该方法繁殖速度较慢，从种子发芽到发育成完整的植株开花一般需要2～3年时间，但该方法培育的幼苗具有根系完整、抗逆性强等优点。

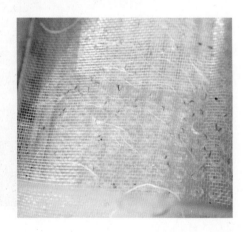

室外养护管理

　　放在室外养护的空气凤梨最大的优点是不用担心通风问题，植物不易被闷坏。在我国，南北方的气候条件差异大，在室外养护需要注意以下几点：

　　1. 室外的温度、湿度等环境条件难以人为控制，冬季，北方大部分地区会降到0℃以下，出现雨雪天气，必须将空气凤梨搬回室内光照和通风良好的地方养护，且避免放在潮湿的环境中。

　　2. 南方地区的温度普遍在0℃以上，特别要注意避免雨淋。在寒潮的天气里，应避免喷水，除非空气凤梨出现叶片尖端干焦和叶片干枯褶皱等现象。如果这样的话，可用25℃左右的温水喷湿叶片，将植株倒放或倒挂在通风良好且干燥的地方，使其快速晾干，以保证叶片不会长时间积水。

　　3. 夏季南北方的温度都比较高，阳光强烈，在这样的环境下植株就容易缺水和晒伤，需注意植株缺水，可利用遮阳网遮荫养护。给植物补充水分应与室内养护一致，但是夏季暴风雨的次数频繁，需避免植物长时间被雨淋，易导致植物积水腐烂，或大雨滴打伤植株，需搬回室内。

在室外，将空气凤梨放在树荫底下栽培是一个不错的选择

室内养护管理

在室内养护的空气凤梨，可能会因为光照和通风问题等受到影响，如何在室内养好空气凤梨，需注意以下几点：

1.依名字可知，通风条件良好的环境对空气凤梨的重要，主要的养分和水分几乎都从空气中获得，新鲜空气有利于空气凤梨的生长，空气不流通易闷坏植株，从而造成腐烂。

2.空气凤梨中的银叶种中，毛状体越密集、叶片越白且厚的品种，越喜光，可放在采光好的位置，比如南面的阳台、窗台等；如果是绿叶种，叶片偏薄，喜弱光，可放在北面的阳台、窗台等上面。

3.除了给植株喷水之外，对大部分叶片不密集且不是群生的品种，可以每周在早上8~10点的时间段，将植株放在水中浸泡几个小时直至植株吸饱水，然后轻轻地拿出植株甩几下，再倒放或倒挂在通风良好的地方晾干即可，但是在南方的湿度较大，适合用喷雾的方法给植株补充水分。

半荫下的薄纱

遮阳网遮荫，可避免植株被晒伤

病虫害的处理方法

　　高温高湿常会引发心腐病和根腐病。心腐病破坏植株中心的生长点嫩叶部分，使组织变软腐烂，最终导致整个植株叶片与根分离。根腐病表现为被害植株根尖部分出现褐色到黑色的腐败过程，不长侧生根。在平时养护中应注意及时通风，浇水不要太多。若出现上述两种病症，多晒太阳，及时喷洒药剂，可有效防止病害蔓延。

　　不管是室内和室外，空气凤梨都有可能会被害虫侵害，所幸很少会出现害虫，但偶尔会出现蚜虫、红蜘蛛等。发现有虫害的植株时，需马上将其与其他植株隔离开，以免传染，然后用清水清洗后快速晾干，可用杀虫剂进行对症下药。

红蜘蛛

常用的工具和材料

■ **小刀**

用侧芽繁殖时可用小刀进行分株，不要用生锈的小刀，否则容易感染分切伤口，分株时用的小刀需处理干净，可用玻璃刀或手术刀等。

■ **铝线**

铝线质地轻且柔韧，易绕成各式造型，既容易操作又美观，同时又能将空气凤梨悬挂养护，是空气凤梨必不可少的搭档。

■ **钳子**

用铝线绕成各式造型时，用钳子操作相对于徒手会轻松些，比如绕圈、剪断等。

■ **胶水**

胶水能够固定植株，可用来固定在各种材料和饰品上，建议使用对植物无毒无害的胶水。

■ 水苔

　　水苔的保水性和通气性好，可以在盆植时放在盆面，也可以用来裹住植株基部，将植株吊挂养护。

■ 椰糠

　　椰糠通气性好，可以在塑料盆中平铺一层椰糠，将各种空气凤梨摆放上去，特别是泡水和喷水后的空气凤梨，这样有利于晾干。

■ 标签

　　标签可以记录品种名，可利用标签在杂交繁殖时记下母本和父本，以免以后忘记混淆。

■ 陶粒

　　陶粒质地轻且通气性好，盆栽的植物可用陶粒当盆底石来改善盆土通气性。所以，盆植空气凤梨时选用陶粒是一种不错的选择。

搭配饰品和器具

■ 贝壳

　　贝壳品种多样且丰富，不管是吊挂栽植，还是附植等，都很容易搭配出不同装饰效果。

■ 小木盆

　　通气性好，不仅可以用来装饰，也可以用来当成盆植的物件。

■ 木桩

　　木桩形态多样，变化丰富，将空气凤梨黏附在木桩上，尽显一派生机。

■ 松果

　　天然的松果像菠萝的外观，用胶水粘在松果的顶端，就可以做出菠萝的形状。

■ **玻璃容器**

　　玻璃容器样式多，与空气凤梨搭配，既时尚又简约大方。

■ **松树皮**

　　通气性好，小块的松树皮可用来盆植，而较大的松树皮可用来板植。

■ **小陶盆**

　　通气性好，素雅美观，有专门用来种植空气凤梨的小陶盆。

■ **海胆壳**

　　用海蛋壳来吊挂精灵类的空气凤梨再适合不过了，形态如同水母，栩栩如生。

第 **4** 章

空气凤梨的
品种介绍

空气凤梨多数属于凤梨科、铁兰属的植物，
在约 3500 个品种的凤梨科的大家族里，
铁兰属的植物约占 1/3 的品种。
这是凤梨科家族中多样的一群植物，
它们品种繁多，形态多样，
具有原生种、原生变种、园艺栽培种等，
不仅装饰效果好，也具有净化空气的作用，
完全生长在空气中的植物，你值得拥有。

精灵类空气凤梨

有众多的杂交种和园艺栽培种，大多数品种在外观上很难分辨，一般呈莲座状的株型，叶片基部（叶鞘）比上半部要宽，呈三角状，每片叶片会抱合成"肚子"（椭圆形），光照充足或开花时叶片易发色，所以*Tillandsia ionantha*的俗称为"脸红的新娘"。分布的范围较广，在海拔0~1800米的地方都有分布，普遍分布在南美洲地区，常见于低海拔山区、茂密的树丛、红树林、具有岩石的草原地和河岸边等。

精灵品种集 Types of *Tillandsia ionantha*

维多利亚精灵 *Tillandsia* 'Victoria'

Tillandsia ionantha × *brachycaulos*（精灵 × 贝可利），由人工杂交育成，但同时在墨西哥也发现有自然杂交种，其遗传了母本的特征，像大号的精灵，开花时，叶片变为鲜艳的橙红色。

产地 | 墨西哥。

生长习性 | 喜明亮的散射光，在温暖潮湿的环境中生长良好，生长温度为10~32℃。

胖男孩 *Tillandsia* 'Fat Boy'

别称：肥仔精灵

该品种株型较开放，叶片呈螺旋状生长，叶片偏硬，较密集，叶色偏黄。花期时叶片的叶尖处呈现淡淡的粉红色（婚姻色），开紫色管状花。

生长习性 | 喜光，但避免强光直射。

大型精灵 *Tillandsia* 'Huamelula'

别称：哈密瓜精灵、绿精灵

Tillandsia ionantha v. maxima 是同一品种，属于原生变种，比其他的精灵要大，莲座状叶丛，叶片较密集。

生长习性 | 喜温暖且明亮的环境，需半日照以上，不宜淋雨，缺水时叶尖容易干枯，不耐寒，低于10℃，易受冻。

在快开花的情况下，中部的叶子会展开，开花期可变成美丽的粉橘色，产生大量的紫色花朵，颜色艳丽。

红精灵 *Tillandsia* 'Red'

该品种的叶片易发红且颜色鲜艳，叶片尾部纤细，较紧密。

产地 | 美洲南部地区。
生长习性 | 宜散射光的环境下栽植。

榛子精灵 *Tillandsia* 'Hazel Nut'

别称：榛果小精灵

该品种的外观形态呈近球形，似榛子，叶片尖端较细薄，中部的叶片直立，常常呈粉色，开紫色管状花。

产地 | 墨西哥。
生长习性 | 宜通风良好的环境栽植，夏季需遮阴，避免阳光暴晒，以免出现干尖。

榛子精灵的叶片稍微旋转，叶片呈现淡淡的橙黄色，非常迷人。

玫瑰精灵 *Tillandsia* '*Rosita*'

别称：罗西塔

属于原生变种空气凤梨，在国外也称*Tillandsia ionantha* v. *stricta* 'Rosita'，但在国内一般将这两个名字独立开来，而中文名字也不同。属于小型品种，因外观像一朵开放的玫瑰，所以得名。

产地 | 墨西哥，分布在海拔2000米左右的橡树上。

生长习性 | 喜温暖且明亮的环境，较耐寒，光照充足可使叶片呈红色。

叶片容易发红，特别是叶缘发红明显，外围叶片比中心的叶片密集，鳞片发白，是非常美丽的品种。生长一段时间后，植株的叶片向中心靠拢，红色明显，较成熟的植株和幼时的植株在外观上具有不同的特征。

全红精灵 *Tillandsia* 'Rubra'

别称：鲁普拉精灵

该品种是原生精灵的一个变种，生命力强，很容易长出侧芽群生。叶片上有细小的灰色鳞片，具有莲座状绿色的叶序，植株幼小时，中部的叶片会聚集在一起，株高有5.0～10厘米。花期一般在春季，开紫色长筒型小花，十分漂亮。

产地 | 美洲南部地区。
生长习性 | 喜明亮的散射光，温暖且稍微潮湿的环境有利于生长。

全红精灵的叶片变红的生长前期至中期，叶片颜色鲜艳，有时全株呈粉色或艳丽的红色。开花过后，全红精灵的侧芽也在慢慢生长，同时，其叶片的颜色也会暗淡下来，不像前期或中期时的颜色那样艳丽。

束花精灵变种 *Tillandsia ionantha v. stricta f. fastigiata*

束花精灵变种比束花精灵（*Tillandsia ionantha* v. *stricta*）的叶片较宽且较硬，生长速度较慢。

产地 | 墨西哥，常见分布在海拔2000米的地方。

生长习性 | 不宜暴晒，夏季露天栽培需遮阴，不耐寒，环境温度低于15℃时，生长缓慢，甚至停止生长。喜散射光，在稍微潮湿的环境下生长良好。

球头精灵 *Tillandsia* 'Cone Head'

别称：锥头精灵、卡妮地小精灵

该品种属于中型品种，基部易产生一圈的株芽，株型较小，叶片较坚挺，开花时中心的叶片发红，开紫色管状花。

生长习性 | 耐旱，喜温暖湿润的环境，因为基部易产生珠芽，需保持良好的通风环境，以免植株烂心。

驴子精灵 *Tillandsia* 'Mexican Zebra'

别称：墨西哥驴精

植株中小型，叶片较坚挺，因叶片上有横向间断的鳞片，形成斑马纹，非常特别，名字的由来是一摄影师应用斑马纹画驴，所以得名。秋季开花，最初叶片的尖端至中部发红明显，一株可以开2~3朵的紫色管状花。

产地 | 墨西哥。

生长习性 | 喜散射光，不宜阳光直射，宜较潮湿和温暖的环境。

科比精灵 *Tillandsia kolbii*

中型品种，叶片较为直挺紧密。

产地 | 危地马拉。

生长习性 | 喜明亮的散射光，在稍微凉爽和较潮湿的环境中生长良好，生长温度为10~32℃。

叶子下端密被白色粉状茸毛。

开花时叶片的颜色变红，具有较短的花序，开数朵紫色管状花。

AP精灵 *Tillandsia* **'Apretado'**

AP精灵属于闭合型的品种，叶片较硬直挺且厚实，叶片表面较为光滑，呈收紧的状态，同时"Apretado"意为拥挤。

产地 | 墨西哥。
生长习性 | 宜散射光的环境下栽植。

花期前后，叶片变红明显，
能开数朵紫色管状花。

二筒 *Tillandsia* 'Two Tone'

别称：双色精灵

株型较闭合，叶片坚挺较肥厚，叶片表面的鳞片不明显且较为光滑，颜色深绿。

生长习性 | 喜光，不宜暴晒。

开花前后易在基部产生侧芽，叶片尖端发红偏黄，中心的叶片颜色艳丽，开紫色管状花。

花开一段时间后，会陆续产生数个小侧芽，花谢后，侧芽逐渐生长，可群生呈球状。

皇家宝藏 *Tillandsia* 'Time's Royal Treasure'

该品种的叶片较为紧凑，轮生的叶片易向下弯曲下垂，叶背上的鳞片较为明显并且较厚。冬季开花，植株的中心抽出多个花序，中心的叶片变成粉色，花苞也呈粉色，开紫色管状花。

生长习性 | 避免阳光直晒，散光和温暖的环境有利于生长，不用经常喷水，保持栽培环境稍微潮湿即可。

斑马精灵 *Tillandsia* 'Zebra'

该品种的外观与驴子精灵相似，叶片的背面因具有横状的相间条纹而得名，植株的叶腋和基部易产生株芽群生。

产地 | 危地马拉。
生长习性 | 宜散射光的环境下栽植。

水蜜桃精灵 *Tillandsia* 'Peach'

别称：蜜桃紫花小精灵

该品种的叶片比一般的精灵品种的叶片较软，有明显且很短的茸毛，花期时，有蜜桃色的叶片而得名，光照充足，颜色会较深。国内市场有很多称为水蜜桃精灵，实际上是德鲁伊小精灵，一般是开白色的管状花，而开紫色管状花的水蜜桃精灵较为少见。

产地 | 墨西哥。
生长习性 | 喜散射光，不宜阳光直射，宜较潮湿和温暖的环境。

在特殊的环境下，水蜜桃精灵可全株呈粉色，在国内较少见。

国内的水蜜桃精灵叶片变色一般多为黄绿色。

龙精灵 *Tillandsia* 'Ron'

别称：小精灵罗恩

龙精灵属于非常特别的精灵品种，植株可以长得很大，叶片深绿色，厚实，肉质，开展，叶尖向下微弯，栽培在弱光或散光的环境下，不宜开花，但能维持长茎形态，也容易养得更大。花期时光照充足叶片发红，特别是叶尖至中部较为明显，开紫色管状花。

产地 | 墨西哥。

生长习性 | 耐旱，对光照没有什么要求，在散光和弱光额环境中均能正常生长，但在光照充足和强光的环境下有利于开花。

群生的龙精灵，植株的个体偏小。

Tillandsia ionantha var. van-hyningiix Tillandsia Ionantha 'Druid'

该种为万汗精灵和德鲁伊精灵的杂交种，植株外观遗传了万汉精灵的特征，较直立，夏季开花，叶片发红。

生长习性 | 不宜阳光直射，喜散射光的环境，较湿润和温暖的条件有利于生长。

银饰 *Tillandsia* 'Silver Trinket'

*Tillandsia ionantha x chiapensis*的杂交种，可群生栽培，叶片基部的银色鳞片较明显，开花时呈玫瑰红色，遗传了香槟具有花键的特点，呈淡淡的红色，开数朵紫色管状花。

生长习性 | 喜略干燥的环境。

德鲁伊 *Tillandsia* 'Druid'

别称：黄精灵、白花精灵

德鲁伊是由Druid音译而来，与白化小精灵相似。该品种植株较小，叶片尖端细长，毛状体在叶片基部较为密集，尖端光滑，花后增生侧芽，一年可产生多个侧芽，易群生。

产地 | 墨西哥到尼加拉瓜的树上或石头上。
生长习性 | 喜温暖且明亮的环境，怕强烈的阳光照射。
花期 | 秋季。
养护方法 | 花后施肥，有利于植株萌生更多的侧芽。

白色管状花，开花时叶片尖端至中部发黄，花谢后，植株叶片仍能呈现美丽的黄色。

万汗精灵 *Tillandsia ionantha* var. *van-hyningii*

别称：长茎小精灵

长茎型品种，叶片较短且厚实，能看到明显的鳞片，很浓密，具有香槟色的叶片，非常的精致好看。在雨季时易于生根，未开花也能长出侧芽。开紫色管状花，比一般的精灵花期长。

产地 | 墨西哥南部地区。

生长习性 | 耐旱，喜阳光充足的环境。

蛇精 *Tillandsia* 'Imposter'

该品种与维多利亚精灵（*Tillandsia* 'Victoria'）相似度很高，基部叶片包裹成柱形，叶尖较平展，叶片偏硬且略肉质，在冬季开花。

生长习性｜半日照，喜明亮的散射光和温暖的环境。

猎食者 *Tillandsia* 'Predator'

别称：猎食者精灵

中型品种，植株的基部一般可产生1~2个侧芽，叶片偏硬，有肉感，开花时整株发红，非常具有吸引力。

生长习性｜喜明亮的散射光环境，避免阳光直射，生长温度为10~30℃。

红女王精灵 *Tillandsia* 'Humbug'

别称：汉堡包

属于自然杂交种，*Tillandsia ionantha* × *paucifolia*（精灵×红女王），能长至约10厘米的高度，春季开花，开数朵紫色管状花。

生长习性 | 半日照，喜明亮的散射光，在温暖的稍湿润的环境中生长良好。

植株中心的叶片呈粉红色。

危地马拉小精灵 *Tillandsia* 'Guatemala'

危地马拉小精灵属于较常见的精灵品
种，其叶尾较尖且细长。因地域环境不
同，与其他产地的精灵在外观上有所差
异，属地域化品种并由此命名。

产地 | 危地马拉。

生长习性 | 喜温暖且明亮的环境，耐旱，干
燥点的环境有利于生长。

墨西哥精灵 *Tillandsia* 'Mexican'

命名与危地马拉小精灵一样，因具有地域
性特征，其属于墨西哥原生精灵，株型较
小，易群生。植株在通风不良，过于潮湿
的环境中容易腐烂，特别是在室内栽培
时，需要良好的通风条件和充足的光照。

产地 | 墨西哥。

生长习性 | 喜较干燥和强光的环境。

在光照充足的条件下，墨西哥精
灵开花时的叶色非常艳丽。

福果小精灵 *Tillandsia* 'Fuego'

别称：火焰小精灵、飞鸽小精灵

该品种生长速度较快，植株较迷你，株型较修长，叶片上的毛状体在植株的基部较为密集，尖端几乎没有。

产地 | 墨西哥和美洲中部地区。

生长习性 | 喜光，明亮的光线下有益于生长。

养护方法 | 充足的光照有利于保持叶片鲜艳的红色。

紫色管状花，开花时叶片尖端首先变成鲜艳的红色，之后慢慢地全株变红，似火焰一般，期间增生侧芽，可每年赏花。

花生米 *Tillandsia* 'Peanut'

别称：花生米精灵

该品种，叶片直立且紧密闭合，冬季开花，通常在1月份左右，开紫色管状花，是非常可爱的迷你型精灵。

产地 | 墨西哥。
生长习性 | 宜通风良好的环境，通风不良易造成植株烂心。

丛生的侧芽。

在温差大或者光照充足的情况下，花生米的叶片颜色变得异常美丽。

其他品种集Types of Others

薄纱变种 *Tillandsia gardneri v. rupicola*

中小型品种，叶片偏薄，有明显的鳞片，叶片比普通的品种直立，花梗较长，开玫瑰色的小花。

产地 | 南美洲的热带沿海地区。
生长习性 | 喜湿润且光线明亮的环境，具良好的通风条件有利于生长。

迷你芙拉 *Tillandsia geminiflora*

植株迷你，叶片较宽偏绿，叶片表面有紫黑色斑纹，特别是在叶片尖端较为明显，开花时花穗与植株反向生长，开粉色至深粉色花。

产地 | 巴西、巴拉奎和阿根廷等地。
生长习性 | 喜散射光、不耐暴晒。

马根斯 *Tillandsia magnusiana*

别称：大白毛

植株的叶片较薄，有密集明显的鳞片，最大的特点是植株中心的叶片密集靠拢且直立，周边的叶片开散。花期时中心叶片呈淡粉色，开数朵紫色管状花，另外，还有开白花的品种。

产地 | 墨西哥、危地马拉和洪都拉斯等地。
生长习性 | 喜光线明亮的半荫环境，避免直射的阳光暴晒，特别是在夏天的时候。不耐寒，可生长在10~30℃的环境中。

费西古拉塔 *Tillandsia fasciculata*

别称：费西、肥西

该品种根系发达，植株中型，叶片呈狭长的三角形，有利于在基部积水，可长达70厘米左右，坚硬且容易断裂。

产地 | 伯利兹、哥伦比亚、危地马拉等地。
生长习性 | 耐旱、耐晒。
花期 | 秋、冬季，多集中在夏季。
养护方法 | 充足的光照使花色更加艳丽。

复穗状的花序从植株的中心抽出，苞片黄绿色至翠绿色，开紫色管状花。

Tillandsia fasciculata x streptophylla

该品种属于自然杂交品种，叶片细长，
基部较宽，尾部常呈曲状。

产地 | 墨西哥。
生长习性 | 耐旱、耐晒，喜通风良好、光照
充足的环境。

斑马 *Tillandsia hildae*

中大型品种，叶片宽大坚挺呈长剑型，
全日照下叶片偏黄，叶背有似斑马纹的
黑白相间的横带状斑纹，因此得名，复
穗状花序，黄绿色花苞，开紫色管状
花。生长较慢，适合盆植。

产地 | 秘鲁。
生长习性 | 耐旱、耐潮湿，对光照要求不
严，在强光下叶片坚挺，在弱光下叶片柔软
细长。

大三色 *Tillandsia juncea*

植株大型， 成株叶片可长达30厘米，细长的叶片可减少水分
蒸发，开紫色管状花，花期时叶片能呈现红、黄、绿三种颜
色，因此而得名。

产地 | 哥伦比亚、秘鲁和巴西等地。
生长习性 | 耐旱、耐晒，喜通风良好、光照充足的环境。

香槟 *Tillandsia chiapensis*

该品种与哈里斯（*Tillandsia harrisii*）相似，叶片绿色偏黄，密集鳞片，略有肉质感，具有皮革的质感。秋季开花，花序呈淡淡的粉色，且密集鳞片，开紫色管状花。

产地 | 墨西哥特有种。
生长习性 | 适应性强，喜充足的光照和较湿润的环境。

象牙玉坠 *Tillandsia paucifolia*

别称：红女王

该品种叶片的基部较宽，密集鳞片，银灰色，顶部尖，呈亮绿色，生长缓慢。花穗从植株中部抽出，复穗状，呈粉色，开紫色管状花。花后产生侧芽，有母株三分之一大时，尽早分株，保持母株活力再诱生更多的侧芽。

产地 | 美国、墨西哥和委内瑞拉等地，该品种分布较广泛。
生长习性 | 喜明亮的散射光环境。

Tillandsia streptophylla × brachycaulos

该品种未命名，由电烫卷作为母本，贝可利作为父本进行杂交。*Tillandsia streptophylla × brachycaulos*叶片上鳞片不明显，较小的植株叶片较直挺，但成熟的植株叶片卷曲明显，非常美丽。另外，反向杂交的已命名的品种*Tillandsia* 'Eric Knobloch'（艾瑞克），是由*Tillandsia brachycaulos × streptophylla*人工杂交而成，在2000年创建并命名，但同时也有自然杂交种，其2002年才被创建，未命名。*Tillandsia* 'Eric Knobloch'的叶片常年可保持红色，具有父本电烫卷叶片的向外翻卷的特点，也有母本贝克利的花序，在秋、夏季植株的中部能开数朵紫色管状花，非常吸引人。

生长习性 | 喜明亮的散射光，稍湿润的环境有利于植株生长。

黛安娜 *Tillandsia dyeriana*

稀有的斑叶品种，叶片上的斑点集中在叶片的基部。花穗从植株的中部抽出，苞片轮生呈羽状，花的颜色与苞片的颜色都为鲜艳的橘色。

产地 | 厄瓜多尔。

生长习性 | 适合盆植，喜温暖湿润的环境，在光照充足的环境下生长良好。

虎斑 *Tillandsia butzii*

别称：小天堂、布兹铁兰

虎斑的叶片有不规则的斑纹，似老虎皮，因此得名，特别是在叶鞘处，更为明显。管状的叶片柔软，非常飘逸。

产地 | 墨西哥和巴拿马等地。
生长习性 | 喜散射光、喜高湿的环境。
花期 | 冬、春季。
养护方法 | 开花期间避免喷水，保持充足的光照。

复穗状的花序从植株的中心抽出，颜色较暗，开紫色管状花。

赤兔 *Tillandsia edithae*

别称：赤兔花

长茎型品种，植株倒挂栽培时弯曲生长。绿色狭长的三角形叶片因附有较厚的鳞片而呈银白色。

产地 | 玻利维亚。
生长习性 | 不耐热，喜冷凉，喜阳光充足且通风良好的环境。光照不足，植株生长缓慢。
花期 | 春季。
养护方法 | 充足的光照使花色更加艳丽。

花从植株的中部抽出，苞片与花都呈美丽的深粉红色，开花时，会从叶腋产生株芽，生长也相当地缓慢。

小三色 *Tillandsia tricolor*

别称：三色花

植株的叶片比大三色的叶片短且粗，颜色偏绿，叶鞘部分呈咖啡色，冬季光照充足易发芽，叶尖处泛红，十分好看。苞片亮黄色，周围有红色边缘，开紫色管状花。

产地 | 巴拿马、危地马拉和洪都拉斯等地的平原地带。

生长习性 | 喜光照充足的环境，但不宜暴晒。

薄纱 *Tillandsia gardneri*

别称：薄纱美人

薄纱有绿薄纱、巨型薄纱和变种薄纱，还有原生薄纱，其叶片质地轻薄且柔软，银白的叶片易下垂生长，特别是基部至中部的叶片下垂明显，像晚礼服一般。春季开花，淡粉色的花苞，开深粉色的管状花。

产地 | 委内瑞拉和巴西等地，常见分布在海拔200~400米的干旱地区。

生长习性 | 喜高湿和通风良好的环境，需充足的光照，但避免暴晒，不宜露天栽植和淋雨。

多国花 *Tillandsia stricta*

别称：多国、斯垂科特

属于中型种，有硬叶和软叶种，硬叶型生
长速度较慢，软叶型生长速度较快，还有
绿叶型和紫叶型，叶片较密集，原产地野
外生长的多国花群生时开花非常美丽。

产地 | 委内瑞拉、巴拉圭、阿根廷和巴西等地。
生长习性 | 喜光照充足和湿润的环境，半日照
的环境也能栽植开花。
花期 | 秋季至春季。
养护方法 | 开花后增生的侧芽较多，需及时分
株，避免过度丛生，导致闷坏植株。

花序从植株的中部抽出，略弯
曲，花色以粉色为主，还有紫色
花，花谢后，花苞的颜色由粉色
转为淡淡的绿色。

阿维斯 *Tillandsia karwinskyana*

别称：银火焰

植株的叶片较开散，鳞片覆盖较匀，基部簇生株芽，一般会比母株小很多且叶片较母株的细，开绿色管状花，花梗细长。

产地 | 墨西哥特有种。
生长习性 | 比较耐旱，喜光线良好的环境。

休斯顿 *Tillandsia* 'Huston'

株型与棉花糖较像，但是植株和花序比棉花糖要大，是*Tillandsia stricta* x *Tillansia recuruifolia*杂交品种，而反向杂交则为*Tillandsia* 'Cotton Candy'（棉花糖）。叶片表面的鳞片较密，冬季温差较大，叶片会变为紫色。

生长习性 | 耐潮湿的环境，对光照要求不高，光线不足的情况下，仍能生长良好。
花期 | 冬季。
养护方法 | 充足的光照使花色更加艳丽。

花从植株的中部抽出，冬季低温能刺激开花，苞片和花都呈现美丽的粉色。花前和花后都有可能分生许多侧芽。

叶片披针形，叶形纤细弯曲，深绿色，基部似花瓣叠生膨大，密布白色茸毛。

罗兰 *Tillandsia* 'Royale'

Tillandsia balbisiana × velutina（柳叶×天鹅绒）的杂交品种，叶片可呈现出淡淡的粉色，基部的叶片反卷下垂明显。

产地 | 园艺杂交品种。
生长习性 | 忌烈日暴晒,并需要些许遮阴。

秀场 *Tillandsia* 'Showtime'

别称：表演时刻

Tillandsia bulbosa × streptophylla（蝴蝶和电烫卷的杂交种），易群生，这可能是天然的杂交品种，叶子的外观和母本蝴蝶很像，但同时也遗传了电烫卷叶片表面密集的鳞片，具有多层次的粉红色，可在秋、冬季和春季开紫色管状花。

产地 | 危地马拉。
生长习性 | 喜明亮的散射光的环境，温暖潮湿的环境有利于生长。

Tillandsia pohliana

中大型品种，叶片银白色，密集鳞片。
花苞橙粉色，开近白色的小花，带淡淡
的紫色，很俊秀。

产地 | 玻利维亚、秘鲁、巴西和阿根廷等地。

生长习性 | 喜光，较耐旱。

宝石狐尾 *Tillandsia andreana* x *funckiana*

别称：宝石狐狸尾

此品种为宝石和狐狸尾的杂交种，植
株与宝石相似度高，其茎稍长，花期
时植株中心的叶片会发红，开橙红色
管状花。

生长习性 | 不耐寒，尤其春冬季低温需注意
保暖。

宝石 *Tillandsia andrean*

别称：安德丽铁兰、松球空凤、红宝石

经典针叶品种，株型与普通的狐狸尾较为相似，叶片轮生，从植株的基部发散，呈辐射状，形成球形，叶片基部密集鳞片，呈银白色，尖端翠绿色。花期时叶片变红，开鲜艳的橙色管状花。

产地 | 哥伦比亚。

生长习性 | 喜光照充足的环境，但不宜暴晒，在湿度较高的环境中生长良好。

犀牛角 *Tillandsia seleriana*

植株呈锥形，茎缩短，叶灰绿色，植株基部表皮的鳞片较为密集，基部的叶片抱合呈壶形，有利于储水。

产地 | 墨西哥至萨尔瓦多和危地马拉等地。墨西哥南部和美国中部地区。

生长习性 | 原生环境较湿润，有雾气，栽培的环境需保持湿润，避免过于干燥。

花期 | 春季。

养护方法 | 充足的光照和湿润的环境使苞片和花的颜色更艳些。

桃红色的花梗及苞片从植株的中部抽出，是复穗状的花序，开紫色管状花。

Tillandsia seleriana × *Caput purple*

该品种具有母本（犀牛角）和父本（美杜莎）的特点，叶片较直挺，有肉质感，能变为紫红色，相当漂亮。

生长习性 | 喜明亮的散射光和稍微湿润的环境。

阿比达 *Tillandsia albida*

长茎型的品种，叶肉厚实、叶面与叶背布满银白色鳞片，银白色的叶子也有相当硬的质感。花穗从植株中部抽出，花梗长，开黄绿色的小花。

产地 | 墨西哥的干旱地区。
生长习性 | 很耐旱，喜光照充足的环境，是少数能在西向阳台生长良好的品种。

阿珠伊 *Tillandsia araujei*

属于容易养护的长茎型品种，植株弯曲尾端朝上，呈深绿色，叶片针状略有肉质感，易长侧芽呈丛生状，生长过程中，植株下部位的叶片发黄老化，需清除，有利于植株生长，在夏季或秋季开花，花苞粉色，开白色小花。适合吊挂栽植。

产地 | 巴西的特有种。
生长习性 | 生命力顽强，雨季容易生长大量的根系，对光照要求不高，在半日照的环境下植型狭长，全日照的环境下叶密且短。

白毛毛 *Tillandsia fuchsii*

别称：小白毛

生长速度较为缓慢的品种，株型和外观与
绿毛毛相似，线形的叶片呈银白色，呈放
射状生长，基部叶形成球状，有利于储水。

产地 | 墨西哥。
生长习性 | 喜光照充足的环境，在强光下也能
适应生长。
花期 | 春季。
养护方法 | 避免暴晒和长时间外干低湿度的环
境中。

单穗状花序从植株的中部抽
出，花梗细长，呈红色，开紫
色管状花。

万佳 *Tillandsia* 'Wonga'

Tillandsia mallemontii × *Tillandsia duratii*（蓝花松萝×树猴）的杂交品种，株型与树猴较像且特征明显，叶片银白色，基部的叶片向内反卷。

产地 | 美洲地区。
生长习性 | 不耐阴，喜光照充足的环境。

绿毛毛 *Tillandsia filifolia*

别称：小绿毛

株型和外观与白毛毛相似，叶片基部呈球形，有明显的棕黑色，针状或线状叶，质地柔软，像绿色的松针，非常可爱。

产地 | 墨西哥和哥斯达黎加等地。
生长习性 | 不耐暴晒，不耐寒，耐阴，散射光有利于植株生长。
花期 | 春季。
养护方法 | 充足的光照有利于花苞生长开花。

复穗状的花序从植株的中部抽出，呈粉紫色，开淡紫色花，非常秀气，也有只抽出花序开淡紫色花朵的植株。

草皮凤 *Tillandsia tricholepis*

别称：草皮

植株小，形态与小狐尾较像，叶片比小狐尾的长，易产生株芽，随着植株的生长，株芽增多，植株的基部逐渐老化，适合倒挂种植。

产地 | 玻利维亚、巴拉圭、阿根廷和巴西等地。

生长习性 | 喜充足的光照，耐旱也耐烈日暴晒。

花期 | 春季。

养护方法 | 需放在光照充足的地方，光照不足既影响植株生长也影响开花。

开黄色小花，不明显，可自花授粉，花梗较长，一般一条花梗上着生1~2个种荚。

多国表妹 *Tillandsia stricta* 'Cousin It'

中大型品种，叶片茂密，暗绿色，向外反卷下垂，花序较大，下垂，苞片粉色，开紫色小花。

生长习性 | 喜散射光，较湿润的环境有利于生长。

紫色小花，常下垂。

海胆变种 *Tillandsia fuschsii v.stephanii*

植株的外观近球形，叶片纤细且密集，颜色银白，是非常优雅和精致的品种。

产地 | 墨西哥。
生长习性 | 喜光照充足的环境。

哈里斯 *Tillandsia harrisii*

原产地的野生品种稀有，是华盛顿公约附录II（CITES II）保护的品种。而市面上出售的品种一般由人工培育而成，较为普遍。叶片密集鳞片，呈银白色，光照充足，叶片易发紫。

产地 | 危地马拉。
生长习性 | 喜高温、高湿和光照充足的环境。
花期 | 春、夏季。
养护方法 | 花期在春夏季之间，夏季闷热，注意通风。

单穗状花序从植株的中部抽出，花苞粉红色或红色，颜色鲜艳，开紫色管状花。

多国白天使

Tillandsia stricta 'Angel White'

别称：白天使

叶片没有*Tillandsia stricta*和其他园艺品种的茂密，但叶片密集鳞片，呈银白色，苞片在阳光充足的条件下会呈粉色，光照不足苞片翠绿色，边缘粉色，开紫色管状花。

生长习性 | 喜充足的光照。

蓝色花变种

Tillandsia tenuifolia var. *surinamensis*

属于中型种，在光照充足的条件下呈黑栗色，特别是在叶片的尖端颜色较深，叶片偏硬，较密集。

产地 | 苏里南，位于南美洲北部。
生长习性 | 喜充足的光照。

棉花糖 *Tillandsia* 'Cotton Candy'

经典的杂交品种，是*Tillansia recuruifolia* × *Tillandsia stricta*（蓝花松萝 × 多国花）的杂交品种，叶片茂密，呈灰绿色，生性强健，易产生侧芽。

生长习性 | 喜通风良好和光照充足的环境，喜较高湿度的环境。

一般大多品种在花期时叶片会发色，但是棉花糖很少看到植株叶片发色的状态。苞片为粉色，花为淡淡的紫色，十分烂漫。

普鲁士犀牛角 *Tillandsia pruinosa*

别称：普鲁诺沙、红小犀牛角

中小型品种，基部叶片抱合成壶状，叶片易发紫，有明显的鳞片，常见基部产生侧芽，我国南方地区栽植易长成丛生状。

产地 | 巴西、厄瓜多尔等地。
生长习性 | 喜高湿的环境，充足的光照下，叶片呈紫红色。
花期 | 秋季。
养护方法 | 充足的光照环境有利于开花。

苞片初现时呈现黄绿色，生长一段时间后，呈现粉红色，开紫色管状花。

空可乐 *Tillandsia concolor*

中大型品种，叶片呈狭长的三角形，叶片
质地较脆，容易折断。温度较低的环境
中，叶片稀疏，深绿，高温的环境中叶片
呈黄绿色至红色。

产地 | 墨西哥至萨尔瓦多等地。
生长习性 | 长势强健，耐旱，对光照没有过高
的要求，在弱光和强光的环境中均能生长。
花期 | 春季。
养护方法 | 充足的光照和高湿度的环境有利于
生长。

花序直立，花穗有多层苞片，呈
黄绿色，每片苞片的尖端具有红
色缘，花芽分化至抽穗，需要1
个多月的时间。

红丽星 *Tillandsia leiboldiana*

别称：披苞铁兰

植株中大型，常盆植，叶片较宽大，常绿，有些品种的叶片上有2~3条相间的白色细条纹。梗较细下垂或直立，苞片展开时中部呈鲜艳的红色，开紫色花。

产地 | 墨西哥、危地马拉和洪都拉斯等地。
生长习性 | 喜光线良好和高湿度的环境。

血滴子 *Vriesea espinosae*

该品种属于在丽穗凤梨属，但习性与空气凤梨相近。叶片深绿色，有模糊的绿白色相间横向纹路，但不是特别明显，叶腋产生似匍匐枝且着生株芽垂悬，十分有趣。

产地 | 美洲地区。
生长习性 | 喜明亮的光线，但不耐暴晒，夏季需适当遮阴。

莱迪 *Tillandsia* 'Redy'

Tillandsia 'Redy' 是由电烫卷
（*Tillandsia streptophylla*，作为母本）
和空可乐（*Tillandsia concolor*，作为父
本）杂交而来，该品种具有郁郁葱葱的绿
片，稍微向外反卷，非常美丽。

生长习性 | 不耐热也不耐寒，喜稍微潮湿和
散射光的环境，避免暴晒，同时放在通风良
好且凉爽的地方养护。

可乐卷

Tillandsia concolor x *streptophylla*

该品种属于自然杂交种，可乐卷是由空可
乐（*Tillandsia concolor*，作为母本）和
电烫卷（*Tillandsia streptophylla*，作
为父本）杂交而来，其叶片卷曲，边缘粉
色，花序呈淡淡的粉色或黄绿色，非常易
养护的一个品种。

产地 | 墨西哥。
生长习性 | 喜明亮的散射光。

花中花 *Tillandsia intermedia*

该品种缺水时，叶片尖端变卷，小巧飘逸，灰绿色的叶片，叶基部抱合成长筒状，光照良好时基部的叶缘有明显的发紫，成株栽培多年，可以长成一串。

产地 | 墨西哥特有种。
生长习性 | 喜光照良好的环境，不耐暴晒，夏季需适当遮阴。

花期 | 春季。
养护方法 | 因能产生花梗芽，花期结束后可不用立马将花剪掉。

复状花序从植株的中部抽出，苞片紫粉色，开紫色管状花。花梗上着生株芽，是少数能产生花梗芽的品种。

扁担西施 *Tillandsia bandensis*

该品种易群生，适合吊挂栽培，目前其园艺品种较少。植株叶片细长开散，灰绿色，花梗细长，开紫色小花，属于香花品种。

产地 | 阿根廷、玻利维亚和巴拉圭等地。
生长习性 | 喜充足的光照。

贝利艺 *Tillandsia baileyi*

植株较小，叶片边缘向内卷曲，呈线形，花梗细长，单穗状花序，粉色，开紫色管状花，花后常出现较多的侧芽。

产地 | 墨西哥、危地马拉和尼加拉瓜等地。
生长习性 | 喜充足的光照，光照不足，植株的叶片颜色暗沉。

长茎鸡毛掸子 *Tillandsia tectorum*

别称：长茎白凤姬

该品种属于长茎鸡毛掸子，叶片轮生，叶片上有明显的茸毛，但不密集。植株基部易产生侧芽。

产地 | 秘鲁和厄瓜多尔等地，主要产自干燥沙地的高海拔地区。

生长习性 | 喜强光和干燥的环境，光照不足和雨水滴淋，白色茸毛易掉落，可在西向阳台栽植。

鸡毛掸子 *Tillandsia tectorum*

别称：白凤姬

普通的鸡毛掸子呈球形，茎缩短不明显，叶片细长且密集白色茸毛，能够抵御高原紫外线的伤害。复穗状花序，粉色带有绿色，开紫白色花，管状花上部为明显的白色。

产地 | 秘鲁和厄瓜多尔等地，主要产自干燥沙地的高海拔地区。

生长习性 | 喜强光和较干燥的环境，同时保持通风良好，光照不足和雨水滴淋，白色茸毛易掉落，易干尖，可在西向阳台栽植。

紫花凤梨 *Tillandsia cyanea*

别称：球拍、紫玉扇、铁兰、紫花铁兰

紫花凤梨是国内常见的空气凤梨品种，有很多园艺种植。莲座状叶丛，叶片通常为深绿色，呈弓状且狭长，十分美观。

产地 | 美洲热带地区。

生长习性 | 喜温暖湿润的半荫环境，冬季全日照，春秋适应早晚的光照，夏季不宜阳光直射。冬季温度以不低于10℃，不超20℃为宜。

花期 | 春季。

养护方法 | 紫花凤梨开花期间，需放置在凉爽且有散射光的地方养护，有利于延长花期。

复穗状花序自叶丛中抽出，但常见为单穗状，对生组成的苞片似球拍，普通品种呈粉色，开紫色小花，通常有3枚花瓣，形似蝴蝶。

柳叶 *Tillandsia balbisiana*

该品种的植株外形飘逸，与花中花的外形较相似。叶片弯曲下垂，灰绿色，基部叶片抱合成长筒状，形态优美。

产地 | 美洲地区，在墨西哥、哥伦比亚和美国佛罗里达等地。
生长习性 | 喜温暖湿润的环境，常见生长在树枝的散射光下。
花期 | 秋季。
养护方法 | 明亮的光线下有利于开花。

花序较长，复穗状，粉色，具有蜡质苞片，开紫色管状花。

紫罗兰 *Tillandsia aeranthos*

别称：空中的康乃馨、紫花凤梨

长茎型品种，易在叶腋增生侧芽，常见丛生状，叶色灰绿，尾端尖，质地较硬，拥有很多变种和园艺种。

产地 | 南美洲的近海礁岩上或是河谷边的树枝上。

生长习性 | 耐低温、喜高湿，对光照要求较低，在全日照和半日照的环境中都能适应。适合吊挂栽植。

花期 | 春季。

养护方法 | 充足的光照有利于植株开花，同时保持较高的湿度环境。

花穗从植株中部抽出，苞片深粉色，开深紫色花朵，通常为三瓣。丛生且能大量开花，是不错的观花品种。

大红花 *Tillandsia kegeliana*

大红花易发色，时常呈暗红色。深粉色的苞片，较像紫花凤梨，开紫色管状花。

产地 | 巴拿马。

生长习性 | 不耐寒，喜温暖湿润的环境。

铜色紫罗兰

Tillandsia aeranthos 'Bronze'

别称：铜色康乃馨

长茎型品种，叶片较密集，偏硬，具有粉色的花苞，开紫色小花。

生长习性 | 喜明亮的散射光，植株缺水时避免直射的阳光暴晒。生长温度为10~27℃。

松萝凤梨 *Tillandsia usneoides*

别称：老人须

松萝凤梨有粗叶、细叶、卷叶之分，植株
整体下垂生长，茎长且纤细，线状，互生
叶，有明显的鳞片，全株灰绿色，像老人
的胡须，通常吊挂栽植。

产地 | 美洲地区，主要产自西班牙。
生长习性 | 不耐寒，喜温暖湿润的环境。
花期 | 夏季。
养护方法 | 花开时不宜喷水，

花生于叶腋处，通常有3枚花瓣，
有香气，黄绿色，小巧可爱。

乔伊 *Tillandsia* 'Joel'

别称：乔尔

Tillandsia bulbosa×ionantha（蝴蝶×精灵），外观具有父母本的特征，开花时发色，呈明亮的粉红色。

生长习性 | 喜明亮的散射光环境。

河豚 *Tillandsia ehlersiana*

该品种植株的叶片基部抱合成球状，外观像一只鼓气的河豚。叶片银白色，略有肉质感，复穗状花序，可同时开放数朵紫色管状花。

产地 | 墨西哥。
生长习性 | 喜光照充足的环境，忌夏季的直射阳光暴晒，不耐寒，生长温度为10~30℃。

贝吉 *Tillandsia bergeri*

别称：贝姬

长茎型品种，外观上与紫罗兰相似，但是贝吉开紫色管状花的花瓣边缘略有波浪状卷曲，较像小型的鸢尾。易群生，常见在叶腋处增生侧芽。

产地 | 巴西。

生长习性 | 喜温暖潮湿的环境。

伊莎贝尔 *Tillandsia* 'Sweet Isabel'

长茎型品种，*Tillandsia tectorum* × *Tillandsia paleacea*（鸡毛掸子 × 粗糠）的杂交种，遗传了父本的外形和母本的颜色。苞片紫红色，开淡紫色小花。

生长习性 | 喜较潮湿和温暖的环境，对光照要求不高，全日照和半日照都可以，但是夏季烈日下暴晒易晒伤。

霸王 *Tillandsia xerographica*

别称：法官头、霸王凤

大型种，生长较慢，叶盘大，硬叶，叶片层叠，宽且厚，灰绿色，向外翻卷，密被银灰色的鳞片，开花时上部的叶片和植株叶心处的叶片呈淡淡的粉色。植株中部抽出复穗状的黄绿色花序，开白色管状花。

产地 | 墨西哥、萨尔瓦多和洪都拉斯等地，常分布在干旱树林中。

生长习性 | 喜干燥稍湿润的环境，在25℃左右的环境中生长良好。耐旱，喜光照充足的环境。

叶片常呈卷须状，是非常受欢迎的品种。

小萝莉 *Tillandsia loliacea*

别称：萝莉

小萝莉株型迷你，叶片短粗，深绿色。花梗细长，苞片附有明显的鳞片，绿色，开黄色小花。

产地 | 阿根廷、巴拉圭和乌拉圭等地。
生长习性 | 喜温暖湿润的环境，不宜暴晒。

粗糠 *Tillandsia paleacea*

长茎型品种，植株叶片密集鳞片，银白色，开淡蓝色小花。

产地 | 哥伦比亚、玻利维亚和秘鲁等地。
生长习性 | 喜有明亮光线的环境，不耐寒，生长适温26~28℃。

日本第一 *Tillandsia neglecta*

别称：忘记她

易丛生型品种，株型小巧紧凑，有青铜色光泽感的叶片，质地较硬，生长速度较慢。冬天的低温刺激后，在春天开花，粉色的苞片，开紫色小花。

产地 | 巴西，生长在海岸礁岩上。

生长习性 | 喜光照良好的环境，光照条件不好易导致基部叶片干枯，甚至生长停滞。

日本第一巨型种

Tillandsia neglecta 'Giant Form'

别称：忘记她巨型种

易丛生型品种，株型较日本第一大，有青铜色光泽感的叶片，质地较硬，生长速度较慢。冬天的低温刺激后，在春天开花，粉色的苞片，开紫色小花。基部易着生侧芽。

产地 | 巴西。

生长习性 | 喜光照良好的环境，光照条件不好易导致基部叶片干枯，甚至生长停滞。

卡比塔塔多明戈 *Tillandsia capitata* var. *domingensis*

该品种全株常年呈暗酒红色，叶片偏硬，开紫色花，十分美丽。

产地 | 多米尼加共和国。
生长习性 | 喜明亮的散射光，生长温度为10~26℃。

卡比塔塔 *Tillandsia capitata*

别称：开普特

中大型普通原生种，充足的光照下，鳞片密布，呈银白色，花期时叶片发红，没有花序，与精灵品种群开花类似，没有穗状花序，紫色管状花直接在植株的中部抽出。

产地 | 墨西哥、洪都拉斯和危地马拉等地。

生长习性 | 不要求全日照，栽植在通风明亮的地方即可。

卡比塔塔红 *Tillandsia capitata* '**Red**'

大型品种，能长到约30厘米的高度，约38厘米的直径，叶片上的鳞片不明显，易发红，呈鲜艳的红色，植株顶部能开数朵紫色管状花。

产地 | 墨西哥。

生长习性 | 喜明亮的散射光环境。

卡比塔塔玛雅 *Tillandsia* 'Maya'

此品种不是*Tillandsia maya*（墨西哥特有种），该品种属于自然杂交种，叶片较宽且下垂翻卷，开花时叶片呈现美丽的玫瑰红色，可在植株顶部的叶腋中开数朵紫色管状花，非常具有吸引力。

产地 | 危地马拉。

生长习性 | 喜明亮的散射光环境。

欧沙卡娜 *Tillandsia oaxacana*

别称：奥沙卡娜

植株叶片生长杂乱，尖端细长交错，叶片轮生或丛生，叶片上的鳞片在光照充足的环境中较为明显。该品种的花苞只有一个，呈粉色，初生的花苞被包裹在叶丛中间，随着花苞的生长，花苞会逐渐向另一边靠拢，并开出紫色管状花。

产地 | 墨西哥。

生长习性 | 喜通风良好的环境，适宜在10~30℃和有散射光的环境中生长。

旋转提姆 *Tillandsia* 'Twisted Tim'

Tillandsia intermedia × *Tillandsia capitata*（花中花×卡比塔塔）的杂交种，遗传了花中花的株型，卡比塔塔的叶子，经典的杂交品种。

生长习性 | 不要求全日照，栽植在通风明亮的地方即可。

苏黎世 *Tillandsia sucrei*

被华盛顿公约列为二级保护（CITES II）的品种，叶片上的鳞片密集，呈银白色，易倒向一边生长，有粉色的花苞，开粉色的小花，非常精致可爱。

产地 | 巴西里约热内卢，分布于海拔500米以下的岩壁上。
生长习性 | 喜较高湿度的环境，充足的光照有利于生长。

花卷 *Tillandsia* 'Curly Slim'

Tillandsia intermedia x *streptophylla* 花中花和电烫卷的杂交种，叶片基部抱合生长呈杯状，株高可达60厘米左右，继承了花中花的特性，有时可以生长出花梗芽。

生长习性 | 适合盆植，忌暴晒，喜温暖湿润的环境，水分不足时叶片向内卷曲，在光照充足的环境下生长良好。
花期 | 春季。
养护方法 | 避免暴晒和过度缺水。

花期时，植株的叶片呈美丽的橘黄色。

电烫卷 *Tillandsia streptophylla*

别称：扭叶空凤

中大型品种，植株的叶片卷曲，光照良好或花期时，中部的叶片发粉色，复穗状花序，黄绿色，基部粉色，开紫色管状花。

产地 | 墨西哥和洪都拉斯等地。

生长习性 | 喜光照良好和湿润的环境，不耐寒，不耐暴晒，特别是夏天正午的太阳易晒伤植株。

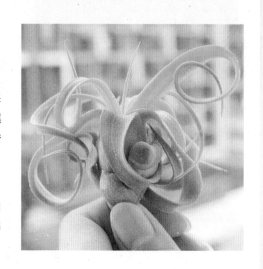

危地马拉电烫卷

Tillandsia streptophylla 'Guatemala'

别称：扭叶空凤

地域气候不同，导致同一品种的外观上有所差异，危地马拉电烫卷最大的特点是比普通的电烫卷的叶片更加的卷曲，尖端叶片卷起能呈现好几个圈。

产地 | 危地马拉。

生长习性 | 喜光照良好，需求的水分较多。

贝可利 *Tillandsia brachycaulos*

别称：圣诞空凤

植株的叶片不是很密集，较软，光照充足或花期时叶片会变红，植株中部开紫色管状花。

产地 | 美洲地区。

生长习性 | 喜光，易养活。

美杜莎 *Tillandsia caput-medusae*

别称：女王头

美杜莎叶片较肥厚，叶型卷曲，形态飘逸，鳞片明显，红色复穗状花序，开紫色管状花。另外，还有叶片较普通的空气凤梨有明显的发紫。

产地 | 美洲地区。

生长习性 | 耐旱，宜半日照，在东向的阳台、窗台宜栽植。

树猴 *Tillandsia duratii*

长茎型原种，中大型，还有迷你型，叶片下垂，叶尖部分卷曲，具有攀附的作用，株型较特别，像攀爬的猴子。

产地 | 玻利维亚、乌拉圭和巴拉圭等地，常见分布于干旱的地区。

生长习性 | 耐旱，喜强光的环境，弱光或强光的环境下植株较为修长。

花期 | 秋季。

养护方法 | 开花时避免喷水。

厚叶树猴

Tillandsia duratii 'Thick Leaf'

别称：厚叶猴

中大型品种，叶片较普通的树猴要厚、也更白，属于园艺种。几乎不开花，也不会长侧芽，能长很大。

产地 | 玻利维亚。

生长习性 | 耐旱，喜强光的环境，弱光或强光的环境下植株较为修长。

狐狸尾 *Tillandsia funkiana*

别称：方氏空气凤梨

长茎型品种，株型像狐狸的尾巴，因此得名。植株的中部至尾端处弯曲向上生长，适合吊挂栽培。

产地 | 委内瑞拉，常见生长在海岸的崖壁上。
生长习性 | 不耐寒，喜温暖和光线良好的环境。
花期 | 春季。
养护方法 | 强光和干旱的环境有利于生长健壮的侧芽。

一枝条只开一朵橙色的管状花，同时叶腋侧生的株芽或基部产生的侧芽也会开花，开花时叶片发红或呈黄绿色，群生开花的植株特别美丽。

蓝色花 *Tillandsia tenuifolia*

别称：细叶铁兰

该品种的叶片较尖细，常年呈绿色，开蓝色小花，也有开百花的品种。

产地 | 南美洲和加勒比海等地。
生长习性 | 喜温暖湿润的环境。

杰西 *Tillandsia* 'Jes'

易养护的品种，*Tillandsia brachycaulos* × *exserta*（贝可利×喷泉），该植株可比父母本的株型大，具有父本的特性，同时植株的外观如同喷泉一般，非常美丽。

生长习性 | 喜光线明亮的环境。

毒药 *Tillandsia latifolia*

该品种的花梗较长，叶片较宽且短，花梗的顶部可产生株芽，苞片粉色或红色，开淡紫色小花，具有多个变种。

产地 | 哥伦比亚、厄瓜多尔和秘鲁。
生长习性 | 喜明亮的光线，不耐寒，生长适温22~26℃。

密码变种 *Tillandsia mima* v. *chilitensis*

别称：米玛变种

大型种，在原产地可长到1米左右的直径，植株的基部和复穗状的花序都能生长出侧芽。其叶片密集鳞片且较长，偏硬且脆，呈银白色，具有红色苞片，开蓝紫色管状花。

产地 | 哥伦比亚、厄瓜多尔等地。
生长习性 | 喜充足的光照。

117

阿海力犀牛角

Tillandsia arhiza-juliae×pruinosa

该品种的叶片扭曲，婀娜多姿，开花时叶片发紫，花序直挺，呈粉红色，开紫色管状花。

生长习性 | 通风明亮的环境有利于生长。

克罗克特 *Tillandsia crocata*

长茎型品种，其命名与*crocatus*有关，其意思为橘黄色，易抱团成球状生长，叶片细长如针，光照充足的环境下叶片呈银白色，开具有香甜味的黄色小花。

产地 | 阿根廷、巴西和乌拉圭等地。
生长习性 | 喜有明亮光线的环境，定期的浇水且放在通风良好的地方有利于植株生长。

木柄旋风变种

Tillandsia flexuosa 'Vivapara'

别称：旋风木柄凤变种

大型种，硬叶，叶片上的鳞片较为
明显，夏季开始抽出花梗，绿色，
在明亮的直射光下花梗较细且弯
曲，产生的花梗芽较小，成熟的苞
片呈粉红色，开紫蓝色瓣状花。
*Tillandsia flexuosa viva-para*比
*Tillandsia flexuosa*较为便宜，呈螺
旋状生长的会更贵一些。由于根系不发
达，吊挂栽植较好。

产地 | 美国、巴拿马和西印度群岛至南美洲
等地。

生长习性 | 半日照，保持良好的通风条件，
开花期间宜栽培在有明亮散射光的环境中，
有利于花梗生长较粗且直。

木柄旋风 *Tillandsia flexuosa*

别称：旋风木柄凤

叶片质地较厚，易旋转生长，花梗细
长，能产生花梗芽，开红紫色小花。

产地 | 美洲中部和南部地区。
生长习性 | 较耐旱，喜明亮的散射光环境。

Tillandsia recurvata

其最大的特点是叶片会内弯生长，倾斜一定的角度，能长至5~10厘米长，易群生成球状生长的品种，原产地常见生长在电线杆上，秋季开紫色小花。该品种具有变种也有园艺栽培种。

产地 | 美洲南部等地。

生长习性 | 喜温暖和充足的光照，适应生长的温度在10~30℃。

琥珀 *Tillandsia schiedeana*

该品种的叶片质地偏薄且较硬，长茎型品种，苞片红色，开黄色小花。

产地 | 墨西哥和美洲中部地区。

生长习性 | 喜充足的光照和稍干燥的环境。